SOCIÉTÉ VITICOLE

d'Omourdja et d'Erécli.

NOTRE SITUATION

Rapport adressé aux Actiounaires

PAR

L. TOUREL

PRÉSIDENT DE LA COMMISSION D'ENQUÊTE

NARBONNE

IMPRIMERIE F. CAILLARD, RUE CORNEILLE, 2

1886

SOCIÉTÉ VITICOLE

d'Omourdja et d'Erécli.

NOTRE SITUATION

SOCIÉTÉ VITICOLE

d'Omourdja et d'Erécli.

~~~~~~~~~~

NOTRE SITUATION

~~~~~~~~~~

Rapport adressé aux Actionnaires

PAR

L. TOUREL

PRÉSIDENT DE LA COMMISSION D'ENQUÊTE

NARBONNE

IMPRIMERIE F. CAILLARD, RUE CORNEILLE, 2

—

1886

NOTRE SITUATION

Rapport adressé aux Actionnaires

par

L. TOUREL

AMBROISE
IMPRIMERIE L. TOUREL, RUE CONSEIL, 5

A Messieurs les Actionnaires de la Société viticole

d'Omourdjá et d'Erécli.

———

Messieurs,

Les études de votre commission d'enquête à peine commencées, malgré le zèle et l'activité déployée par tous nos collègues, sont loin d'être terminées.

L'examen des titres, d'une partie de la correspondance et d'une comptabilité fort exceptionnelle, qui n'offre aucun moyen de contrôle dans le principe, qui laisse encore à désirer aujourd'hui, avec des dépenses exagérées, souvent peu justifiées, où tout est à revoir, tous ces documents dont nous ne disposons pas encore, devront être l'objet de la sérieuse attention de la nouvelle commission que vous aurez à nommer.

Il est indispensable d'apprécier les abus qui ont pu se commettre, pour en prévenir le retour.

Nous aurions désiré, Messieurs, pouvoir vous réunir plus tôt ; nous n'avons rien à nous reprocher à ce sujet, et malgré les pouvoirs les plus étendus, que vous avez sanctionnés; votre commission d'enquête et de contrôle, c'est bien ainsi qu'on l'a appelée, n'a pu marcher aussi vite qu'elle l'aurait désiré ; dans tous les cas la responsabilité de ce retard ne saurait lui incomber.

Nous sommes devenus propriétaires, par l'acte de vente retenu par M⁰ Amouroux, connu de la plupart de vous, de deux fermes dites d'Omourdja et d'Erécli, d'une contenance de 3,800 hectares.

L'on assurait même dans le principe, que la contenance réelle était supérieure au chiffre indiqué dans l'acte de vente, et que la superficie des deux domaines devait dépasser 4,000 hectares.

Ces faits, Messieurs, sont encore présents à la mémoire de vous tous ; l'on affirme néanmoins encore, si je ne me trompe, que la superficie totale des deux fermes est supérieure aux 3,800 hectares mentionnés dans l'acte de vente.

Nous désirons vivement qu'il en soit ainsi, mais ce qui nous étonne, c'est de voir longtemps après le transfert des titres, que nous ne sommes réellement propriétaires que de 2,357 hectares et non de 3,800 hectares.

Il n'y a de transféré à l'heure actuelle que 2,347 hectares au lieu de 3,800, et la différence en moins — 1,500 hectares environ — nous paraît par trop forte pour ne pas être l'objet de revendications ultérieures, après mûr examen.

D'un autre côté, sur les 2,347 hectares, nous ne possédons que 237 hectares de terrain Mulke, dont la propriété est indiscutable et transmissible ; quant aux 2,100 hectares qui constituent en réalité la partie la

plus importante de nos domaines, ce sont des vakoufs,
qui dans des conditions prévues que vous n'ignorez
pas, peuvent revenir aux institutions religieuses, qui
en perçoivent la dîme.

L'on affirme, sans doute, que cette situation ne doit
en rien nous préoccuper ; nous le désirons tous vivement, mais il y aura toujours des précautions à pren-
dre, des épidémies à prévoir, un danger à conjurer.

Nous ne voyons que 135 titres transférés ; nous
remarquons néanmoins, dans une lettre de M. Talairach adressée le 9 mai 1883 à M. Passama, le passage
suivant :

*L'examen et le classement des titres concernant
nos domaines — on en compte 185 — nous ont pris
beaucoup de temps.*

M. Talairach affirme n'avoir pas conservé le dupli-
cata de cette lettre, écrite de Constantinople, et ne voit
qu'une erreur de chiffres, c'est encore une erreur à
vérifier, alors surtout qu'il nous manque 1,500 hectares
et la différence est par trop sensible pour n'avoir pas
à la rechercher.

Nous voulons bien admettre que M. Talairach ait pu
être roulé par M. Maenamara, que le premier conseil
d'administration, à la tête duquel nous avions des
hommes fort honorables, ait pu croire de très bonne
foi, à l'existence d'un domaine sans limite, que l'on
entrevoit à travers un mirage trompeur, et qui dispa-
raît aussitôt que l'on passe du rêve à la réalité ; ces
domaines sans horizon, qui auraient pu valoir un

million dans ces conditions d'optique, n'auraient été payés, on le dit assez haut, que 200 ou 300 mille francs.

Les difficultés que l'on rencontre dans le transfert des titres, les négociations laborieuses qui leur servent de prélude, les vives préoccupations qui résultent d'une situation aussi anormale et dont nos administrateurs ont pu s'émouvoir, tous ces faits, Messieurs, nous permettent d'entrevoir certains agiotages que l'on pourrait bien négliger, à la seule condition que les intérêts de la Société fussent sauvegardés.

L'on nous dit bien que les 3,800 hectares existent et se trouvent parfaitement délimités; nous demandons où en sont les titres; qui peut nous assurer qu'une grande partie de ces terrains, empiétés peut-être sur les domaniaux, ne seront pas revendiqués par la couronne?

Ce n'est pas du reste ainsi que l'on achète, et lorsqu'on finit de payer un domaine, c'est à bon escient.

Il nous reste à examiner, Messieurs, la situation financière de la Société, elle est loin d'être brillante; nous aurons de sérieuses économies à réaliser, sans nuire cependant à la bonne administration des domaines; nous aurons à supprimer quelques rouages inutiles, et à réduire les traitements de notre personnel d'Omourdja, en les ramenant aux cours normaux du pays.

Il sera utile, sans doute, pour encourager les régisseurs agricoles au succès de notre entreprise, de leur accorder un intérêt au-dessus d'un certain revenu à déterminer; ce sera encore une combinaison à étudier.

Nous ne croyons pas, du reste, devoir insister sur

des détails, dont le conseil d'administration, de concert avec le comité de contrôle, auront à s'occuper, sans perdre du temps.

Avec le personnel tel qu'il existe, il sera facile de dresser rapidement à la culture de la vigne, si ce n'est déjà fait, les gens du pays, qui deviendront d'excellents auxiliaires.

Nous aurons également à compléter notre matériel agricole, pour utiliser la vapeur à tous les travaux d'extérieur et d'intérieur des fermes.

L'installation de la cave doit être combinée de manière à économiser la main-d'œuvre ; deux chevaux vapeur suffiront pour actionner la pompe et les pressoirs ; la manutention de la cave et tous les travaux qu'elle comporte, seront ainsi rapidement exécutés, dans des conditions exceptionnelles de bon marché.

D'après un travail de M. Malègue, que nous trouverons probablement dans nos archives, nous aurions tout avantage à construire un canal pour la submersion ou l'arrosage de 500 hectares.

Ce projet méritera d'être pris en sérieuse considération.

Il restera, sans nul doute, de nombreuses améliorations à réaliser, mais il faudra procéder avec ordre et méthode, ne pas commencer tout à la fois, ne s'engager que dans la limite de nos ressources, et avec l'excédent de nos revenus qui doivent augmenter en peu de temps, d'une manière fort sensible, par une meilleure exploitation, par un plus sérieux contrôle et une plus grande économie.

L'essentiel pour obtenir ces résultats, c'est de laisser

moins de terres en friche, de labourer tout ce qui peut donner un revenu ; ce n'est pas 500 hectares à mettre en culture, mais bien 1,500 ; les machines chôment quand elles devraient marcher presque toute l'année, deux chauffeurs et trois hommes suffisent pour les conduire, un tonneau d'arrosage pour l'approvisionnement de l'eau sera peut-être utile et dans ces conditions, le labourage à vapeur ne coûtera pas plus de 25 francs par hectare, lorsqu'il vous en coûtera 50 par les bœufs.

Ces chiffres me paraissent assez éloquents pour ne pas laisser au repos des moyens aussi économiques de travail.

Penser à vendre ces machines, dont on ne sait pas se servir, serait plus qu'une faute ; de là à vendre nos attelages, il n'y aurait qu'un pas — le pas est déjà fait.

Notre situation financière, nous le reconnaissons, n'est pas prospère, mais vouloir battre monnaie pour équilibrer un budget agricole, par la vente des instruments et du matériel serait le commencement d'un désastre et d'une liquidation, dont personne ne veut.

Mieux vaudrait vendre une partie du domaine, si nous ne savions l'exploiter, mieux vaudrait encore l'affermer ; mais vendre une partie quelconque du matériel nécessaire et indispensable à nos travaux, n'y pensez jamais !

C'est avec ces puissants moyens d'action, que vous obtiendrez de belles récoltes, que vous transformerez nos cultures ; les excédents de revenu sont à ce prix, et si jamais grecs ou musulmans vous demandent le secret de vos sortilèges, puissiez leur répondre que vos sortilèges sont la civilisation, les progrès de la mécanique et la vapeur.

Nous aurons encore, Messieurs, il faut l'espérer, des vignes à planter aussitôt que la première impression de découragement aura disparu, aussitôt qu'une bonne administration aura pu réparer les fautes commises.

Avec les économies en projet, l'on pourrait encore planter quelques hectares de Carignan, d'Alicante et d'Aramon, pour avoir plus tard sur les lieux, les bois nécessaires à nos futures plantations.

Nos cépages français sont bien supérieurs à ceux de la Roumélie, et tout en produisant davantage, ils ont aussi plus de couleur.

M. Maenamara, dans une lettre du 2 mars 1882, le reconnaissait si bien, qu'il regrettait de ne pas nous voir planter exclusivement nos cépages, qui valent bien plus que les leurs.

Votre commission, malgré sa bonne volonté, n'a pu encore tout examiner, à cause des documents indispensables qui ne sont pas encore copiés ; elle a pu néanmoins constater que depuis les débuts de notre entreprise jusqu'à ce jour, une meilleure direction agricole était facile à Omourdja, que les moyens de contrôle avec une comptabilité plus ou moins incomplète, se prêtant à bien des abus, sont insuffisants.

Il est facile de préjuger par ce qui se passe à Perpignan, des désordres d'Omourdja, où toutes les dépenses se confondent sur les champs et les vignes, sans surface bien déterminée et difficiles à reconnaître, plus difficiles à retrouver, même pour notre directeur général. Les moyens de contrôle manquent, les agriculteurs aussi.

Nous reconnaissons bien, dans les divers conseils d'administration qui se succèdent, le passage trop rapide d'agronomes émérites, qui auraient pu y rendre de grands services.

S'ils se retirent, ils sont difficilement remplacés, et sans avoir à rechercher les causes de leurs démissions, votre commission exprime un regret, c'est que nos agronomes ne se soient pas trouvés en grande majorité dans les conseils de la Société, pour éviter bien des fautes, difficiles à réparer aujourd'hui.

Ce n'est point, d'un autre côté, que certains de nos directeurs aient manqué ni d'initiative ni d'activité que les meilleures intentions n'aient inspiré leurs actes, mais ils ne pouvaient savoir ce qu'ils ignoraient ; nous n'avons jamais eu, en effet, un seul agriculteur à la tête de nos exploitations.

L'agriculture selon Olivier de Serre, d'après Gasparin, est une science d'observation ; l'expérience en est la base à consolider sans doute par des connaissances fort complexes et fort attrayantes et cette instruction agricole que les livres seuls ne sauraient donner est indispensable à tous ceux qui auraient de vastes domaines à diriger.

En dehors des désordres qui ont pu exister en Roumélie, toutes les erreurs, toutes les fautes qui se révèlent, n'ont pas eu, Messieurs, d'autres causes ; il vous appartient aujourd'hui d'en atténuer les effets, vous en avez les moyens, et vous aurez la volonté d'y mettre un terme.

Nous avons dépensé dans le premier exercice de notre exploitation, frais de premier établissement compris — année 1883 — non compris les intérêts du capital............................... 270.733 fr. 85

Les dépenses s'élèvent en 1884 à 274.167 fr. 91, ci...... 274.167 91
Sommes payées en 1885 pour 1884............. 44.246 »
} 318.415 fr. 91

Les dépenses pour 1885 s'élèvent à.. 175.370 fr. 76

Détail des dépenses en bloc

SUR CHAMPS ET VIGNES.

	DOIT.	AVOIR.
1883 Travaux exécutés aux vignes.....		12.488 fr. 08 c.
Travaux exécutés aux champs et prés		6.869 96
Payé aux employés Français........	22.713 fr. 71	
Payé aux indigènes..............	25.485 97	
	48.199 fr. 68 c.	19.358 fr. 04 c.
Différence sur d'autres travaux indéterminés constructions, plantations		28.841 64
Somme égale..................	48.199 fr. 68 c.	48.199 fr. 68 c.

	DOIT.	AVOIR.
1884 Travaux aux vignes..............		28.256 fr. 70 c.
Travaux divers fauchage et fanages fourrages...............		1.523 85
Coût des semailles...............		9.612 72
Moisson à forfait...............		8.942 40
Moisson à la journée...............		2.220 55
Récoltes diverses, maïs, vendanges		489 90
Transport des gerbes et dépiquage		10.779
Journées à la briqueterie.........		4.142 40
Terrassement de la cave.........		1.314 65
Travaux à la source Bostan Tchesme		524 75
Travaux divers 1922 journées 1/2 à 1 fr. 50...............		2.919
167 journées femmes 0 fr. 90.....		150 74
Payé aux employés français, caisse	28.691 42	
Payé aux indigènes, caisse........	34.435	
Vivres...................	8.024 06	
	71.150 fr. 48 c.	68.876 fr. 66 c.
Différence de journées indéterminées pour divers travaux........		2.273 82
Somme égale...............	71.150 fr. 48 c.	71.150 fr. 48 c.
1885 Travaux des vignes...............		5.537 fr.
Travaux des champs et prés......		4.022 06
Payé aux employés Français......	36.629 12	
Payé aux employés indigènes.....	20.397 15	
Pour vivres...............	4.740 15	
	61.767 fr. 12	9.549 fr. 06 c.
Différence à déterminer.........		52.218 06
Somme égale...............	61.767 fr. 12	61.767 fr. 12 c.

Ces chiffres, dont je ne voudrais pas abuser, relevés
dans les diverses notes qui m'ont été remises, nous
permettront de comparer les dépenses d'un exercice à
l'autre ; nous pourrons les analyser sans doute dans

leur ensemble, mais les détails de l'exploitation font entièrement défaut, et les livres seront indispensables pour se livrer à un contrôle plus sérieux.

Nous laisserons forcément de côté l'exploitation de 1883, avec ses dépenses non justifiées, et payées l'on ne sait trop comment.

L'exercice 1884, non compris les intérêts payés aux actionnaires, s'élève à une dépense de... 318.415 fr.

Je crois pouvoir déduire de cette somme, celle de 152,723 francs pour frais de premier établissement, achat de bestiaux, constructions et plantations ou économies qui auraient pu se faire, et réalisées depuis sur le personnel, payé avec la plus large prodigalité, de............ 152.723

Il aurait donc été dépensé en 1884, pour l'exploitation ordinaire des domaines..... 165.692

Nous trouvons l'emploi des journées justifié par les divers travaux exécutés, que nous avons pu suivre dans leurs détails. Des notes fort bien comprises, afférentes à chaque service, nous ont facilité l'étude de cette année d'exploitation ; les dépenses, il est vrai, en sont très élevées, mais c'est aussi l'année des grandes réparations, que l'on aurait sans doute exécutées à de meilleures conditions avec une plus grande expérience.

L'absence de tout document, ne nous permet d'apprécier l'exploitation de 1885, que par ses dépenses ; c'est très regrettable et pour la direction et pour le contrôle.

Les dépenses en 1885 s'élèvent à 175.370

A déduire des frais ordinaires d'exploi-
tation pour constructions 4.499
Matériel agricole .... 10.772 } 20.892
Cession de vivres, demi-muids 3.621

Total des dépenses ordinaires de l'exploitation .... 154.488 fr.

Il n'a été fait aucune plantation, en 1885, l'on nous affirme d'un autre côté, que les vignes sont mal travaillées, que les machines à vapeur ne fonctionnent plus. Nous trouvons néanmoins un nombre de journées considérables, dont la dépense s'élève à   61.767 fr. 12 c.

nous voyons porté aux travaux des vignes ou des champs, la somme bien réduite de. 9.549   06

et la différence .... 52.218 fr. 06 c.
me paraît assez élevée pour des travaux non énumérés, que le directeur agricole devra tout au moins justifier, et l'on ne saurait vraiment approuver des comptes dans de semblables conditions.

Ce que nous désirons voir, c'est un détail des travaux exécutés par quinzaine, avec le nombre d'hommes qui y auront été occupés, et ce n'est réellement pas la peine d'avoir un directeur agricole et un comptable à Omourdja, pour avoir une comptabilité dans cet état.

Il faudrait dans ces conditions, accepter la situation telle qu'elle existe, fermer les yeux et ne rien voir.

La situation financière était au 27 avril 1885, de...................... 76.254 fr. 90 c.

les dépenses du 27 avril au 3 juillet, s'élèvent à...................... 17.224   05

Reste en caisse au 3 juillet 1885... 59.030 fr. 85 c.

Les récoltes étant évaluées à cette époque, à...................... 100.000   »

TOTAL........ 159.030 fr. 85 c.

Je désire que les prévisions du directeur général soient exactes, nous ne tarderons pas à être fixés à ce sujet.

L'on a défoncé à la vapeur en 1882   225 hectares.
   —   —   en 1883   354   —
   —   —   en 1884   708   —

en 1885, les machines chôment et ne marchent plus, a-t-on augmenté le nombre des attelages, pour préparer convenablement les terres emblavées, en 1885-1886 ?

Sera-t-on en mesure sans les machines, de labourer les chaumes, de préparer de nouvelles terres pour les semailles 1886-1887 ? J'en doute fort et les renseignements qui nous sont fournis, nous permettraient de croire que nos écuries disparaissent ; nous comptons sur la bienveillance de notre directeur général pour nous fixer à ce sujet.

	Nombre d'hectares.	Kilès semés.	Kilès récoltés.	Valeur en francs.
1882-1884 L'on a semé environ 150 hectares en blé, orge, avoines, vesces, seigle	150			
La quantité de grain emblavé, est de........		904	8.410	23.970
1883-1884 L'on a semé environ 400 hect., soit 3,127 kil. en blé, orge, avoine..	400	3.127	13.778	43.441
1884-1885 Au 20 décembre 1885, 300 hect., 1,656 kil. semés.............	300	1.656		

1885-1886 Nous ignorons encore les détails de l'exploitation de cette année.

L'année 1883-1884 est la seule sur laquelle j'ai pu réunir des notes assez complètes, pour suivre l'exploitation dans ses détails ; les dépenses occasionnées par les céréales, s'élèvent pour semailles, moisson, dépiquage et valeur du grain, à........... 43.851 fr.
il a été récolté cette année, une valeur en grain, de...................... 43.441

PERTE SÈCHE......... 410 fr.

Valeur de la semence à ajouter à la perte ; récolte mal réussie il est vrai.

La perte sera bien plus sensible, si l'on tient compte des défoncements et divers labours préparatoires, hersages compris, afférents à toute culture de céréale.

Il n'y a donc pas avantage à faire des céréales, en

dehors du stric nécessaire, pour les besoins de la ferme, ce n'est pas à démontrer.

Ce que nous cherchons dans les divers exercices qui se succèdent, avec de nouveaux directeurs qui se remplacent, c'est un programme d'exploitation méthodique et raisonné, en rapport avec les ressources dont on dispose.

Ce qui manque dès le principe, c'est un budget sévèrement organisé, bien équilibré ; les états-majors en absorbent une grande partie sans autre profit pour la Société que l'expérience qu'ils peuvent acquérir, et notre capital de premier établissement qu'il importait de ménager, fond aussi facilement que la neige, sous les rayons d'un soleil d'Orient.

Cette affaire d'Omourdja, qui a pu être dans le principe une opération financière, doit rester aujourd'hui essentiellement agricole ; des agriculteurs seuls peuvent la relever, avec un bon administrateur à la tête, l'important est de les trouver.

L'organisation des divers services est encore à faire, les moyens d'exploitation à déterminer, et les travaux à exécuter une fois bien combinés doivent être continués sans le moindre changement ni la moindre hésitation.

Je n'hésite pas non plus à dire que vous ne planterez de nouvelles vignes que lorsque vous saurez soigner celles qui existent ; que vous ne pourrez faire de nouvelles plantations qu'avec les revenus à créer et ces revenus vous ne les trouverez pas dans les céréales, moins encore dans les alpistes ou les phalaris, mais bien dans la seule branche des revenus à créer par le bétail.

Je ne m'étendrai pas sur ce chapitre, il y aurait trop à dire ; mais les éleveurs présents à la réunion, m'ont déjà compris.

L'on pourrait fort bien entretenir sur les deux fermes :

500 bêtes à corne,
5.000 moutons ou brebis si ce n'est plus,
200 chevaux.

Nous avions d'après l'inventaire du 25 février 1883 :

Vaches ou bœufs	96	
Chevaux	94	196 têtes de gros bétail.
Buffles	6	

En 1884 :

Vaches ou bœufs	111	
Veaux	33	
Buffles	4	219 têtes de gros bétail.
Chevaux	71	

En 1885, je l'ignore.

Actuellement le bétail se vend ou se donne, quand il faudrait en acheter : l'on a donné dernièrement encore 38 têtes de gros bétail pour 3,542 francs, qui nous coûteraient bien près de 10,000 francs, si nous avions à les racheter.

Vous n'avez pas assez de bétail pour vos dépaissances et vous vendez du foin, mieux vaudrait vendre de la viande, une fois vos troupeaux au complet.

Si vous aviez, dès la première année, dépensé trente mille francs pour augmenter vos troupeaux, vous auriez aujourd'hui dans vos écuries ou dehors, pour trois cent mille francs de bétail sur pied, et un revenu annuel net, à peu près assuré, de plus de cent mille francs, à moins d'épizootie bien entendu : nous avons tenu compte dans notre appréciation de la mortalité normale et ce chiffre de cent mille francs de revenu net, à partir de la quatrième ou cinquième année, n'a rien d'exagéré.

Convertir les terres incultes en prairies naturelles ou artificielles, élever le plus de bétail possible, pour doubler au moins votre capital en deux ans, et en attendant de pouvoir augmenter votre vignoble, vous trouveriez sans grandes dépenses, une source de revenu assuré, dans les prévisions indiquées, dès la cinquième année.

Vous auriez encore par ce moyen, vos écuries toujours bien entretenues et renouvelées par du bétail jeune; vingt poulinières vous auraient bientôt fourni les mules et chevaux indispensables pour les charrois et les travaux des vignes.

Il y a sans doute de grandes fautes commises, surtout la première année : la négligence d'un côté, l'inexpérience de l'autre; par surcroît un excès de confiance, trop facilement accordé à un directeur agricole que l'on aurait dû ne pas accepter, que l'on aurait dû remercier au plus vite, telles sont en partie les premières causes d'une situation des moins brillantes, que l'on ne saurait vous cacher.

Il n'y a plus de nouvelles écoles à faire ; il est temps

de penser aussi que nous n'avons plus les moyens de les payer.

Il est temps de s'arrêter devant l'abîme ouvert, et de ne plus courir ainsi tête baissée au-devant d'une liquidation prochaine, dont personne ne veut, facile encore à conjurer.

L'on prétend que l'actif de cette année s'élèvera par les récoltes, à près de 100,000 francs, nous ne tarderons pas à être fixés à ce sujet.

Quoiqu'il en soit, nos dépenses doivent être réduites, et nos frais d'exploitation, en y comprenant tous les services, ne doivent guère dépasser 90 ou 95,000 francs tout compris, mettons cent mille francs en chiffres ronds.

Il est même facile, sans s'écarter sensiblement de cette somme, de réaliser encore quelques améliorations.

L'on ne saurait trop ménager nos ressources, vous aurez à dépenser au premier jour cinquante mille francs, pour la cave; cette dépense s'impose, faut-il au moins la prévoir.

Nos conclusions, Messieurs, se résumeront dans les réformes que nous vous proposerons et que vous adopterez.

La modification de quelques articles des statuts, nous paraît utile, indispensable. La nomination d'un inspecteur nécessaire.

Tous les services seront à réorganiser à Omourdja; les renseignements que nous avons pu recueillir de M. Miffre, régisseur, du mécanicien et des grangers rentrés en France, ne sauraient laisser le moindre doute, sur le désordre et l'incurie qui règnent dans l'exploitation de nos fermes.

Une économie sensible a été sans doute réalisée sur le personnel, elle est insuffisante et nous croyons facile dans nos prévisions de pouvoir les réduire encore.

Nous aurons pour atteindre ce but, à supprimer les rouages inutiles, en ne conservant que le personnel indispensable, tout en maintenant dans les rangs les indigènes nécessaires à l'exploitation.

Tout en réduisant les traitements élevés de nos états-majors d'Omourdja, au cours normal de notre région, nous aurons néanmoins à encourager le directeur et le régisseur, en leur assurant sur les revenus nets, un intérêt à déterminer.

Aussitôt que les réparations urgentes seront terminées, le service des intérêts devra être de nouveau assuré, non plus par le capital versé, complètement épuisé, mais bien par une bonne exploitation et les revenus qui en seront la conséquence.

Tel est, Messieurs, le programme de votre commission, qui dans ses lignes générales devient aussi le vôtre ; c'est l'ordre dès lors revenant dans nos finances, c'est la confiance perdue retrouvée, le crédit anéanti revenu ; Archimède demandait un point d'appui pour soulever notre planète, nous aurons moins à vous demander pour assurer le succès d'une entreprise, bien compromise sans doute, mais non désespérée.

Nous vous demanderons seulement des agriculteurs dans votre conseil, et avec de l'ordre et de l'économie, là ou d'autres devaient fatalement échouer, l'on réussira.

Tels sont, Messieurs, les vœux de votre commission d'enquête, que je suis heureux de vous transmettre ; je les crois d'avance favorablement accueillis, merci pour eux, vous ne serez pas les derniers à vous en réjouir.

Je ne saurais oublier en terminant le concours dévoué de tous mes collègues de la commission d'enquête ; je ne saurais trop remercier non plus M. Gironne, notre secrétaire, dont l'activité et le dévouement aux intérêts bien compris de la Société ont été fort appréciés de nous tous.

Notre tâche, Messieurs, était des plus ingrate ; le contrôle de tout un passé que vous connaissez déjà, par les mécomptes et les désillusions qu'entraîne souvent à sa suite une affaire d'une certaine importance, mal comprise dès le principe, avec un directeur agricole, resté trop longtemps sur nos domaines, plantant dès son arrivée des vignes mortes dans des terres mal préparées, où le chiendent régnait en souverain maître ; toutes ces fautes de la première heure, pèseront encore longtemps sur une situation dont il est utile de se rendre compte ; et la Société, je dois le dire, aurait bientôt à se dissoudre, si une direction compétente ne vient organiser avec fermeté et sans défaillance, l'exploitation d'Omourdja.

Pour les membres de la Commission d'enquête et de contrôle :

L. TOUREL,

Rapporteur.

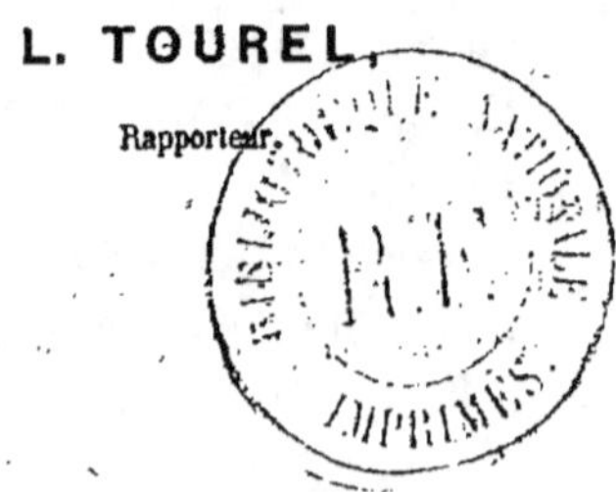

Narbonne, impr. F. Caillard.